Ernst Probst

Die Chamer Gruppe

Eine Kulturstufe der Jungsteinzeit
vor etwa 3.500 bis 2.700 v. Chr.

*Allen Prähistorikern und Prähistorikerinnen gewidmet,
die mich bei meinen Büchern über die Steinzeit unterstützt haben*

Impressum:
Die Chamer Gruppe
1. Auflage als Print-Buch: Mai 2019
Autor: Ernst Probst
Im See 11, 55246 Mainz-Kostheim
Telefon: 06134/21152
E-Mail: ernst.probst (at) gmx.de
Herstellung: Amazon Distribution GmbH, Leipzig
Alle Rechte vorbehalten
ISBN: 978-1-081-14777-8

*Tongefäß der Chamer Gruppe mit Leistenverzierung
aus der namengebenden Siedlung von Knöbling (Kreis Cham)
in Bayern. Das Gefäß ist aus Scherben rekonstruiert
und 17 Zentimeter hoch.
Original im Museum der Stadt Regensburg.
Foto: Museum der Stadt Regensburg, Wolfgang Schmidt*

*Verzierter tönerner Spinnwirtel aus Riekofen (Kreis Regensburg)
in Bayern. Höhe 4,8 Zentimeter, Durchmesser 6,6 Zentimeter.
Original im Museum der Stadt Regensburg.
Foto: Museum der Stadt Regensburg, Wolfgang Schmidt.*

Vorwort

Bei Versuchsgrabungen in den Jahren 1936 und 1937 in der Gegend von Knöbling (Kreis Cham) barg der Studienrat Eugen Keßler aus Cham mehr als 1.000 jungsteinzeitliche Funde. Damit widerlegte er die damals herrschende Ansicht, der Oberpfälzer Wald und der Bayerische Wald seien in urgeschichtlicher Zeit nicht besiedelt gewesen. Auslöser seiner Untersuchungen war die Entdeckung von zwei Steinbeildepots beim Straßenerweiterungsbau zwischen Knöbling und Neuhaus im Jahre 1935 gewesen. Als der renommierte Münchner Prähistoriker Paul Reinecke davon erfuhr, schrieb er dem Bezirksamt Cham, in Knöbling seien keine Siedlungsfunde zu erwarten. Trotzdem erforschte Keßler das umliegende Gelände und fand dabei Steingeräte und Tonscherben, die aus einer jahrtausendealten Siedlung stammten. 1951 schlug der Prähistoriker Hans-Jürgen Hundt für eine von ihm erkannte Kulturstufe der Jungsteinzeit den Namen Chamer Gruppe vor. Dabei bezog er sich auf den Fundort Knöbling in der Chamer Senke im bayerischen Regierungsbezirk Oberpfalz. Heute weiß man, dass die Chamer Gruppe zwischen 3.500 und 2.700 v. Chr. nicht nur in der Oberpfalz verbreitet war. Fundstellen jener Kulturstufe kennt man auch in Niederbayern, Oberbayern, Niederösterreich, womöglich in der Steiermark und Tirol, sowie in Böhmen. Die Angehörigen der Chamer Gruppe waren Ackerbauern und Viehzüchter und errichteten an manchen Orten von Gräben und Palisaden geschützte Erdwerke, die mitunter bei Überfällen in Flammen aufgingen. Man vermutet, dass sie Pferde als lebenden Fleischvorrat hielten.

Prähistoriker Hans-Jürgen Hundt (1909–1990).
Foto: Römisch-Germanisches Zentralmuseum Mainz

Die Chamer Gruppe

In Teilen von Bayern (Oberpfalz, Niederbayern, Oberbayern), Oberösterreich, Niederösterreich und Böhmen existierte von etwa 3.500 bis 2.700 v. Chr. die Chamer Gruppe. Diese folgte im bayerischen Verbreitungsgebiet auf die Altheimer Kultur (etwa 3.900 bis 3.500 v. Chr.). Den Begriff Chamer Gruppe hat 1951 der damals in Straubing wirkende Prähistoriker Hans-Jürgen Hundt (1909–1990) vorgeschlagen. Bei der Namenwahl bezog er sich auf den Fundort Knöbling (Kreis Cham) in der Chamer Senke im bayerischen Regierungsbezirk Oberpfalz. Im Online-Lexikon „Wikipedia" ist statt von der Chamer Gruppe von der Chamer Kultur die Rede. Der gebürtige Potsdamer Hans-Jürgen Hundt studierte in Berlin, Prag und Marburg an der Lahn, wo er promovierte. Ab 1950 arbeitete er beim „Bayerischen Landesdenkmalamt" in Straubing. Von 1952 bis 1954 fungierte er als Direktor des „Museums für Vorgeschichte" in Frankfurt am Main. Zwischen 1954 und 1974 war er Direktor der Vorgeschichtlichen Abteilung und Leiter der Werkstätten des „Römisch-Germanischen Zentralmuseums" in Mainz („RGZM"). Er starb 1990 in Wiesbaden. In manchen Gebieten von Bayern folgte die Chamer Gruppe auf die Altheimer Kultur (etwa 3.900 bis 3.500 v. Chr.), deren Name auf dem Fundort Altheim (Kreis Landshut) in Niederbayern beruht. Zeitgenossen der Chamer Leute waren die Menschen der Walternienburg-Bernburger Kultur (etwa 3.200 bis 2.800 v. Chr.) in Mitteldeutschland, der Horgener Kultur (etwa 3.400 bis 2.800 v. Chr.) im Voralpengebiet, der Mödling-Zöbing-Gruppe (etwa 3.700 bis 2.800 v. Chr.) in

Österreich und Mähren sowie der Kugelamphoren-Kultur (etwa 3.100 bis 2.700 v. Chr.) im östlichen Mitteleuropa.

Einen Einblick in die damalige Pflanzenwelt erlauben die am Fundort Dobl bei Prutting (Kreis Rosenheim) in Oberbayern geborgenen und untersuchten Hölzer. Dort wuchsen in der Bachuferzone ein Erlen-Weiden-Buschwald, in der bachufernahen Zone ein Ahorn-Eschen-Wald oder Ulmen-Eschen-Wald sowie ein Hang- und Plateauwald in Gestalt eines Buchenwaldes. Die Tierwelt zur Zeit der Chamer Gruppe ist dank der mehr als 22.000 Knochenfunde aus einem Graben der befestigten Siedlung Riekofen I (Flur Kellnerfelder) im Kreis Regensburg gut bekannt. Offenbar wurde dieser vier Meter breite und zwei Meter tiefe Graben mit Abfall gefüllt. In der Donau schwammen damals Hechte, Weißfische, Döbel, Brachsen, Nasen, Zander und bis zu 2,50 Meter lange Welse. Die heute nicht mehr in Süddeutschland heimischen, wärmeliebenden Sumpfschildkröten waren noch vorhanden. Außerdem gab es Grasfrösche und Erdkröten.

Unter den in Riekofen geborgenen Vogelknochen konnten Reste vom Gänsesäger, Sperber, Haselhuhn, Auerhahn, Birkhuhn, Waldkauz, Schwarzspecht, Eichelhäher, von der Ringeltaube, Amsel und Elster identifiziert werden. Die in der Gegenwart bis in die Städte vordringenden Ringeltauben lebten damals in den Wäldern und offenen Waldlandschaften.

In der Gegend von Riekofen jagten unter anderem Wölfe, Füchse, Marder, Wildkatzen und Dachse. Außerdem lebten hier Braunbären, Rothirsche, Wildschweine, Rehe, Auerochsen (Ur), Elche, Hasen, Eichhörnchen und Igel. An der Donau und anderen Gewässern bauten Biber ihre Burgen.

Bei den 1,30 bis 1,40 Meter Schulterhöhe erreichenden und kräftig gebauten Pferden von Riekofen lässt sich nicht entscheiden, ob es sich um Wild- oder Hauspferde handelte. Etwa zwei Drittel der insgesamt 22.866 Tierknochenfunde aus Riekofen stammen von Haustieren. Skelettreste von Menschen der Chamer Gruppe sind an den Fundstellen Riekofen I und Moosham (Flickermühle) entdeckt worden, die beide im Kreis Regensburg-Süd liegen. Sie kamen im Bereich der befestigten Siedlungen (sogenannte Erdwerke) zum Vorschein. In Riekofen I wurden drei Scheitelbeinbruchstücke geborgen, die offenbar von einem erwachsenen Menschen stammen. Das Geschlecht ließ sich nicht bestimmen. Die Knochenbruchstücke weisen weder Schnitt- noch Feuerspuren auf. In Moosham fand man Reste von mindestens zwei Menschen, nämlich den Unterkiefer von einem fast einjährigen Säugling sowie etliche Knochen und einen Backenzahn von einem Erwachsenen. Ein spitzovales Loch von 1,2 mal 0,8 Zentimeter Größe auf den Scheitelbein des Erwachsenen lässt sich als Schussverletzung deuten. Der Backenzahn ist wenig abgekaut und nicht vor Karies befallen.

Bei den meisten Hinterlassenschaften der Chamer Gruppe handelt es sich um Lesefunde aus ehemaligen Siedlungen. Zum Fundgut gehören vor allem Siedlungskeramik, Spinnwirtel und Silexabfall. Nachgewiesen sind auch Siedlungsgruben und Erdwerke. Als Siedlungsstandorte dienten Terrassenkanten, Areale an Bachläufen, auf Kuppen, Geländespornen, Hanglagen, in Talauen. Die Chamer Leute verließen die fruchtbaren Lössböden und erschlossen die Fränkische Alb, den Bayerischen Wald und das Alpenvorland.

Die Entdeckungsgeschichte der schon erwähnten Siedlung Knöbling begann 1935. Damals stießen Arbeiter beim Straßenerweiterungsbau zwischen Knöbling und Neuhaus in der Flur Steinboß auf zwei Steinbeildepots. Davon erfuhr der zu dieser Zeit an der Realschule Cham unterrichtende Studienrat Eugen

Prähistoriker Paul Reinecke (1872–1958).
Foto: Römisch-Germanisches Zentralmuseum Mainz

Keßler (1892–1973), der sich in seiner Freizeit mit Geologie und Urgeschichte befasste. Obwohl der renommierte Münchner Prähistoriker Paul Reinecke (1872–1958) dem Bezirksamt Cham schrieb, dass in Knöbling keine Siedlungsfunde zu erwarten seien, untersuchte Keßler das umliegende Gelände und fand dabei Hornsteingeräte und Tonscherben.

Bei Versuchsgrabungen in den Jahren 1936/1937 barg Keßler mehr als 1.000 Fundstücke. Damit widerlegte er die damals herrschende Lehrmeinung, der Oberpfälzer Wald und der Bayerische Wald seien in urgeschichtlicher Zeit unbesiedelt gewesen. Keßler war Hörer der Vorgeschichtsvorlesungen des Münchner Anthropologen und Prähistorikers Ferdinand Birkner (1868–1947) gewesen. Er hatte engen Kontakt zum Bayerischen Geologischen Landesamt in München, dem er seine Kartierungen und Forschungsergebnisse zur weiteren wissenschaftlichen Auswertung überließ. Keßler starb als 81-Jähriger in Westhofen bei Augsburg.

Die Siedlung von Knöbling erstreckte sich – nach der Streuung der Oberflächenfunde zu schließen – über eine Fläche von etwa 900 Quadratmetern. Ihre einstigen Bewohner lebten in Hütten deren Flechtwerkwände mit Lehm verputzt waren. Davon zeugen Reste von Hüttenlehm mit Astabdrücken. Auch eine teilweise mit Steinen eingefasste Feuerstelle kam in Knöbling zum Vorschein.

Später wurden in anderen Gegenden Bayerns weitere, teilweise aussagekräftige Siedlungsspuren der Chamer Gruppe entdeckt. In der Siedlung Unterisling (Kreis Regensburg) wies man Pfostenlöcher von Hütten, Gruben, eine steinumstellte Feuerstelle sowie mehrere Steinbeile nach. In Hienheim (Kreis Kelheim) entdeckte der holländische Prähistoriker Pieter Jan Remees Modderman (1919–2005) aus Leiden neben einigen Gruben auch zwei Gräben von 1,60 Meter Breite und 1,30

Meter Tiefe, die einen kleinen Teil des Siedlungsterrains abriegelten.

Bei Piesenkofen unweit von Obertraubling (Kreis Regensburg) konnte der Münchner Prähistoriker Hans Peter Uenze eine annähernd kreisförmige, befestigte Siedlung mit einem durchschnittlichen Durchmesser von etwa 50 Metern untersuchen. Im Graben, der diese Siedlung schützte, hatten die Erbauer der Anlage eine Palisade aus 10 bis 15 Zentimeter dicken Rundhölzern aufgestellt. Brandreste, wie verkohlte Hölzer und Hüttenlehm, die in den Graben einplaniert wurden, beweisen, dass die Siedlung trotz dieser Schutzvorkehrungen bei einem Überfall zerstört wurde. Von anderen Siedlungen der Chamer Gruppe in Alkofen (Kreis Straubing-Bogen), Straubing, Thundorf (Kreis Deggendorf) und Leidersdorf (Kreis Amberg) zeugen lediglich Keramikreste und Werkzeuge. Neben Siedlungen im Flachland haben die Chamer Leute häufig mit Graben, Wall und Palisaden befestigte Höhensiedlungen angelegt. Die Erbauer solcher Befestigungen auf Anhöhen tauschten bewusst die schlechte Wasserversorgung oder die größere Entfernung zu ihren Äckern gegen eine bessere Verteidigungsposition ein. Die Befestigungen deuten zusammen mit den in einigen Fällen beobachteten Spuren der Zerstörung auf unruhige Zeiten hin.

Als die größte befestigte Höhensiedlung der Chamer Gruppe gilt Hadersbach bei Geiselhöring (Kreis Straubing-Bogen). Sie wurde 1982 durch den Landshuter Prähistoriker Bernd Engelhardt (1945–2017) erforscht. 1999 veröffentlichte die Prähistorikerin Stefanie Graser die Abhandlung „Das Erdwerk von Hadersbach, Stadt Geiselhöring, Lkr. Straubing-Bogen" in „Hemmenhofener Skripte".

In Hadersbach riegelte der bis zu 1,80 Meter tiefe und 5 Meter breite äußere Graben einen von zwei Tälern flankierten

Bergsporn gegen das Hinterland ab. Dieser Graben schützte eine ovale Fläche von etwa 270 Meter Länge und 154 Meter Breite. Das mehr als 30.000 Quadratmeter umfassend Areal hatte vielleicht wegen seiner beachtlichen Ausdehnung eine Art von Mittelpunktfunktion. Hinter dem Graben verlief in etwa fünf Meter Entfernung eine mit Lehm beworfene Palisade. Mit Hüttenlehmbrocken durchsetzte, dicke Holzkohleschichten an der Innenseite des Grabens dürften von einer Brandkatastrophe stammen, bei der die befestigte Höhensiedlung vor Hadersbach vernichtet wurde. Die Siedlung konnte am höchsten Punkt der Anlage über eine sieben Meter breite Erdbrücke, die den Graben unterbrach, und durch einen zwei Meter breiten Durchlass in der Palisade betreten werden. Zwei kurze Palisadenwände zu beiden Seiten bildeten eine Art Torgasse. Zahlreiche Pfostenspuren auf der Erdbrücke lassen darauf schließen, dass der Zugang hastig verbarrikadiert worden ist. Auf der Innenfläche der Siedlung stieß man auf Spuren eines weiteren Grabens.

Mit zu den größten befestigten Siedlungen der Chamer Gruppe gehört auch das Erdwerk I von Riekofen (Kreis Regensburg) dessen Innenfläche auf etwa 8.500 Quadratmeter geschätzt wird. Dort sicherten zwei Gräben mit Palisade eine von zwei Bächen begrenzte Terrassenzunge gegen das Hinterland ab.

Auf die Fundstelle Riekofen wurde 1972 der Maurermeister, Bautechniker und Amateur-Archäologe Hansjürgen Werner (1941–1997) aus Neutraubling aufmerksam, als er zahlreiche urgeschichtliche Siedlungsspuren entdeckte. Er suchte das Gelände von 1972 bis 1975 ab und barg dabei Funde verschiedener Kulturen. Von 1975 bis 1977 nahm Werner eine ausgedehnte Flächengrabung vor. Dabei kam der Abschnitt eines Grabens, der zu einem Erdwerk der Chamer Gruppe gehörte, zum Vorschein. Die Ausgrabungen und Luftaufnahmen zeigten, dass ein fast ebenes von Ost nach Südost und Süden verlaufendes ungeschütztes Areal durch ein doppeltes Graben-Wall-System abgeriegelt wurde. 1999 veröffentlichte der Prähistoriker Irenäus Matuschik die Abhandlung „Riekhofen und die Chamer Gruppe Bayerns" in „Hemmenhofener Skripte". Über die Silexartefakte aus dem Erdwerk von Riekofen berichtete 2013 der Geoarchäologe Alexander Binsteiner im „Archäologischen Korrespondenzblatt".

Weitere befestigte Höhensiedlungen kennt man von Dobl bei Prutting (Kreis Rosenheim), dem Galgenberg bei Kopfham nahe Ergolding (Kreis Landshut) und dem Gänsberg bei Oberschneiding (Kreis Straubing-Bogen). In Dobl schützte ein Graben die zugängliche Seite des Bergsporns, der auf den übrigen Seiten mit steilen und hohen Hängen zur Innaue abfiel. Der Bergsporn ist heute durch einen Kiesgrubenbetrieb weitgehend zerstört. Die Höhensiedlung erstreckte sich einst auf einer dreieckigen Fläche von etwa 60 mal 50 Meter Ausdehnung. Die Spuren von zwei Brandkatastrophen in Dobl könnten von Überfällen herrühren. Die Höhensiedlung Dobl wurde 1972 und 1974/1975 von dem Münchner Prähistoriker Hans Peter Uenze ausgegraben. Die Befunde auf dem Galgenberg bei Kopfham deuten ebenfalls auf einen Überfall und die Zerstörung der Höhensiedlung. Hier umgab ein ovaler Grabenring eine etwa 60 Meter lange und 45 Meter breite Fläche. Der an der südlichen Talseite geschaffene Eingang wurde durch ein kleines Vorwerk zusätzlich geschützt. Diese Siedlung hatte man im Herbst 1980 am gleichen Tage durch Luftbildaufnahmen und Funde auf einem frischgepflügten Acker entdeckt. Die Siedlung auf dem Galgenberg bei Kopfham wurde in den Sommermonaten von 1981/1982 unter der Leitung der englischen Prähistorikerin Barbara S. Ottaway ausgegraben. Den nur teilweise erhaltenen, wohl ovalen Grabenring auf dem Gänsberg bei Oberschneiding fand man 1981 mit Hilfe vor Luftbildaufnahmen. Der Graben umschloss ein etwa 60 Mete langes und 35 Meter breites Areal.

Als der Prähistoriker Hans-Jürgen Hundt die Chamer Gruppe 1951 erstmals beschrieb, definierte er diese anhand von lediglich sechs Fundstellen. Später ordnete man dieser Kulturstufe ähnliche Funde aus Westböhmen, dem nördlichen Niederösterreich und Oberösterreich zu.

Funde aus der Höhensiedlung am Wartenstein bei Ligist (Bezirk Voitsberg) in der westlichen Steiermark (Österreich) lassen – laut „Wikipedia" – auf eine größere Verbreitung der Chamer Gruppe oder zumindest eine Verbindung mit ihr schließen. Über diese Höhensiedlung mit Chamer Funden berichteten 1999 Wolfgang Artner, Bernd Engelhardt, Bernhard Herbert, Rudolf Illek und Manfred Lehner. Wenn man jene Hinterlassenschaften aus der Steiermark der Chamer Gruppe hinzurechnet, liegt deren Verbreitungsgebiet etwa 150 Kilometer weiter südöstlich als bisher vermutet. Auch für Funde aus Nordtirol wird eine Zugehörigkeit zur Chamer Gruppe erwogen.

Nachdem die Prähistorikerin Ingrid Burger 1977 eine Untergliederung in verschiedene „Regionen" und Phasen begründete und bereits rund 140 Fundstellen bekannt waren, benannte man die Chamer Gruppe in Chamer Kultur um. Ihre Dissertation trug den Titel „Die Chamer Gruppe in Niederbayern".

Nach den Jagdbeuteresten aus der Siedlung Dobl zu schließen, haben deren Bewohner Rothirsche, Elche, Wildschweine Wölfe und Biber gejagt. In der Gegend von Riekofen wurden häufig Rothirsche, Wildschweine, Rehe, seltener jedoch Auerochsen,

Kupferner Angelhaken aus Riekofen (Kreis Regensburg) in Bayern.
Länge 4,3 Zentimeter, Gewicht etwa 3 Gramm.
Original im Museum der Stadt Regensburg.
Foto: Museum der Stadt Regensburg, Wolfgang Schmidt.

Elche und Braunbären erlegt. Die Menschen aus der Siedlung
Untersaal (Kreis Kelheim) erbeuteten neben Rothirschen und
Wildschweinen auch Rehe und Wildpferde. Als Jagdwaffen
dienten vermutlich vor allem Pfeil und Bogen. Ein kupferner
Angelhaken aus Riekofen dokumentiert den Fischfang in der
nahen Donau.

Wichtiger als die Jagd waren für den Lebensunterhalt der
Ackerbau und die Viehzucht. 1972 gelang der Botanikerin Maria
Hopf (1913–2008) aus Mainz der erste Nachweis von Getreide
in einer Siedlung der Chamer Gruppe. Sie entdeckte an drei
Scherben von Tongefäßen aus Knöbling deutliche Korn-
abdrücke. In zwei Fällen stammten sie von mehrzeiliger Gerste,
in einem Fall vom Einkorn. Ein Gerstenkorn und eine
Einkornähre wiesen noch bzw. nur Spelzen auf. Es handelte
sich wohl um Dreschrückstände. Außerdem fand man in
Knöbling drei steinerne Erntemesser mit Gebrauchsspuren.
Dreschrückstände kennt man auch aus Dobl.

Die Bauern von Dobl hielten Rinder, Schweine, Schafe oder
Ziegen und Pferde als Haustiere. Die Haltung von Pferden als
vermutlich lebender Fleischvorrat wird durch den Fund eines
Pferdegebisses auf dem Galgenberg bei Kopfham belegt. In
Riekofen sind Rinder, Schweine, Schafe, Ziegen und Hunde
nachgewiesen worden. Neben der aus Getreidekörnern und -
mehl zubereiteten Nahrung, dem Fleisch von geschlachteten
Haustieren und Wildbret haben die Chamer Leute auch essbare
Wildpflanzen und Kleintiere verzehrt. Auf letzteres weisen
vier Muschelschalen aus Untersaal hin, die Spuren gewaltsamer
Öffnung tragen.

Von Tauschgeschäften zeugen honiggelbe Feuersteindolche aus
Grand Pressigny in Frankreich. Solche Importstücke fand man
auf der Roseninsel im Starnberger See und in der erwähnten
Höhensiedlung Dobl. Der Dolch von der Roseninsel ist 15,1

Pfeilspitze der Chamer Gruppe aus Niederkappel in Oberösterreich.
Original im Steinzeitmuseum in Ohnerstorf.
Foto: Wolfgang Sauber / CC-BY-SA3.0 (via Wikimedia Commons),
lizensiert unter Creative-Commons-Lizenz by-sa-3.0-de,
https://creativecommons.org/licenses/by-sa/3.0/legalcode

Steinbeile der Chamer Gruppe aus Niederkappel. in Oberösterreich.
Original im Steinzeitmuseum in Ohnerstorf.
Foto: Wolfgang Sauber / CC-BY-SA3.0 (via Wikimedia Commons),
lizensiert unter Creative-Commons-Lizenz by-sa-3.0-de,
https://creativecommons.org/licenses/by-sa/3.0/legalcode

Verziertes Tongefäß der Chamer Gruppe
im „Westböhmischen Museum" in Pilsen (Tschechien).
Foto: Zde / CC-BY-SA4.0 (via Wikimedia Commons),
lizensiert unter Creative-Commons-Lizenz by-sa-4.0-de,
https://creativecommons.org/licenses/by-sa/4.0/legalcode

Verziertes Tongefäß der Chamer Gruppe
im „Westböhmischen Museum" in Pilsen (Tschechien).
Foto: Zde / CC-BY-SA4.0 (via Wikimedia Commons),
lizensiert unter Creative-Commons-Lizenz by-sa-4.0-de,
https://creativecommons.org/licenses/by-sa/4.0/legalcode

Zentimeter lang, derjenige von Dobl 12,7 Zentimeter. Diese Waffen hatten damals die Funktion von Prunk- oder Prachtstücken. Funde von tönernen Spinnwirteln und Webgewichten aus Siedlungen der Chamer Gruppe beweisen die Kenntnis des Spinnens und Webens. Demzufolge dürften die Chamer Leute aus Wolle angefertigte Kleidung getragen haben. Wegen ihres großen Durchmessers bis zu sechs Zentimetern und einem Gewicht bis zu 150 Gramm sprechen die Experten von geradezu „bombastischen" Spinnwirteln. Sie gelten als ein Charakteristikum der Chamer Gruppe. Die Spinnwirtel wurden offensichtlich als Schwungrad beim Spinnen der Schafwolle benutzt. Häufig sind sie auf der Oberseite mit Ritz- und Strichgruppen verziert.

Schmuckstücke kamen bei Ausgrabungen auf einem Siedlungsplatz in Griesstetten bei Dietfurt im Altmühltal zum Vorschein. Dabei handelt es sich um mehrere bis zu 1,5 Zentimeter lange und maximal 0,8 Zentimeter dicke Calzitröllchen, die der Länge nach durchbohrt worden sind. Diese steinernen Röllchen dienten vermutlich als Bestandteile einer Kette. Am selben Fundort barg man außerdem je einen durchbohrten Eckzahn des Braunbären und eines Hundes oder Wolfes. Auch diese Zähne dürften Schmuckstücke gewesen sein. Die Ausgrabungen in Griesstetten bei Dietfurt erfolgten durch den Archäologischen Sonderdienst am Rhein-Main-Donau-Kanal unter der Leitung des Archäologen Michael Hop-pe. Fünf tiefrote Eisensteinstücke aus Knöbling, die teilweise Schleifspuren aufweisen, sind wohl zur Herstellung von Schminkfarbe benutzt worden.

Unter den Tongefäßen der Chamer Gruppe herrschen die Knickwandgefäße vor. Die Keramik dieser Kulturstufe ist meist bräunlich bis schwärzlich. Typisch sind die häufig vorkom-

menden plastischen Verzierungen und gestempelten Orna-
mente. Einige Gefäßfragmente aus Knöbling veranschaulichen,
wie die Keramik geschaffen wurde. Zunächst formte man die
Bodenplatte, dann wulstete man darauf die Wände hoch und
verstärkte diese zumindest im unteren Teil von außen. Dem
dafür verwendeten Ton wurde Granitgrus und manchmal
Glimmer beigemischt.

Die Gefäße der Chamer Gruppe wirken vielfach so, als sei
man bei ihrer Herstellung nicht besonders sorgfältig vorge-
gangen. Ein Teil der Gefäße ist schief, nicht selten lösten sich
Scherben an den beim Gefäßaufbau kritischen Stellen wie dem
Wandansatz am Boden oder dem Übergang vom Bauch zur
Schulter.

Die Werkzeuge der Chamer Gruppe wurden aus Hornstein
und Plattenhornstein (beide sind Feuersteinarten) sowie
vereinzelt aus Rosenquarz und Bergkristall zurechtgeschlagen
oder aus Felsgestein wie Strahlsteinschiefer oder Amphibolit
zurechtgeschliffen. In Knöbling verwendete man Hornstein
aus der näheren Umgebung, aber auch ortsfremden Plattenhornstein, Rosenquarz und Bergkristall. Der ortsfremde Rohstoff wurde vermutlich bei Expeditionen beschafft.

Ein Serpentingeröll mit 1,8 Zentimeter tiefer und 7,1 Zentimeter langer Sägespur aus Knöbling dokumentiert die Herstellung von Felsgesteingeräten an Ort und Stelle. Das Geröll
dürfte aus dem etwa sechs Kilometer entfernten Fluss Regen
stammen. Ein anderes angesägtes Geröll wurde in Stamsried
(Kreis Cham) geborgen. An Werkzeugen gab es unter anderem
Erntemesser und Kratzer aus Feuerstein, Schleifsteine aus
Sandstein, Reibsteine aus Geröllen und Beilklingen aus
Felsgestein.

Als Fernwaffe dienten Pfeil und Bogen, wovon vier Pfeilspitzen
aus Feuerstein von der Siedlung Knöbling künden. Am selben

Werkzeuge der Chamer Gruppe aus Niederkappel in Oberösterreich. Originale im Steinzeitmusem in Ohnerstorf. Foto: Wolfgang Sauber / CC-BY-SA3.0 (via Wikimedia Commons), lizensiert unter Creative-Commons-Lizenz by-sa-3.0-de, https://creativecommons.org/licenses/by-sa/3.0/legalcode

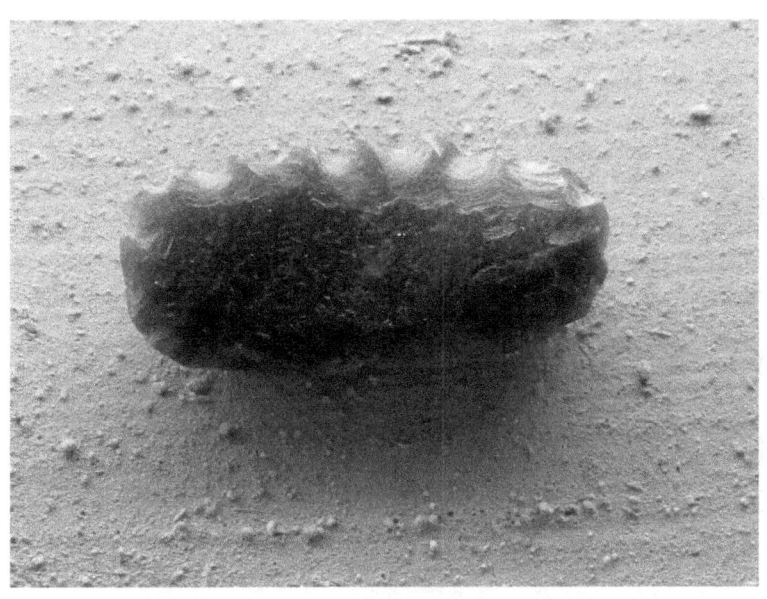

Säge der Chamer Gruppe aus Niederkappel in Oberösterreich.
Original im Steinzeitmusem in Ohnerstorf.
Foto: Wolfgang Sauber / CC-BY-SA3.0 (via Wikimedia Commons),
lizensiert unter Creative-Commons-Lizenz by-sa-3.0-de,
https://creativecommons.org/licenses/by-sa/3.0/legalcode

„Bombastische" Spinnwirtel im „Westböhmischen Museum"
in Pilsen (Tschechien).
Foto: Zde / CC-BY-SA4.0 (via Wikimedia Commons),
lizensiert unter Creative-Commons-Lizenz by-sa-4.0-de,
https://creativecommons.org/licenses/by-sa/4.0/legalcode

Fundort kam auch ein kunstvoll aus grauem Plattenhornstein zurechtgeschlagener Dolch von 8,3 Zentimeter Länge zum Vorschein. Da an den Fundstellen der Chamer Gruppe noch keine Gräber entdeckt wurden, ist unbekannt, wie deren Angehörige ihre Toten bestatteten.

Leider habe ich den Prähistoriker Hans-Jürgen Hundt, den Erstbeschreiber der Chamer Gruppe, nie persönlich gesehen oder gesprochen. Er war 1954 aus Frankfurt am Main an das „Römisch-Germanische Zentralmuseum Mainz" („RGZM") gewechselt, wo er bis zur Pensionierung 1974 als Direktor der vorgeschichtlichen Abteilung und Leiter der Werkstätten wirkte. Ich kam erst im April 1973 aus Bayreuth als Redakteur zur „Allgemeinen Zeitung" in Mainz. und ging auf dem Weg vom Parkplatz zur Arbeit oft am „RGZM" vorbei. Bei meinen jahrelangen Literaturstudien in der Bibliothek des „RGZM" für mein Buch „Deutschland in der Steinzeit" (1991) bin ich Hundt nicht begegnet. Als ich ihn brieflich höflich um ein Porträtfoto von ihm für das Kapitel „Pioniere der Steinzeitforschung" bat, antwortete er mir sinngemäß, dass er mir ein Buch über die Steinzeit nicht zutraue und mir kein Foto überlasse. Am 12. November 1990 starb Hundt im Alter von 81 Jahren in Wiesbaden. Im Herbst 1991 erschien „Deutschland in der Steinzeit" und erreichte insgesamt drei Auflagen.

Prähistoriker Gerhard Bersu (1889–1964).
Foto: Römisch-Germanische Kommission
des Deutschen Archäologischen Institutes, Frankfurt/Main

Die Goldberg III-Gruppe

Zwischen etwa 3.500 und 2.800 v. Chr. existierten im Nörd-linger Ries (Bayern) und in Oberschwaben (Baden-Württem-berg) Siedlungen mit Hinterlassenschaften, wie sie sie vor allem im dritten auf dem Goldberg bei Riesbürg (Ostalbkreis) entdeckten Dorf zum Vorschein kamen. Ein Teil der Prä-historiker betrachtet die sogenannte Goldberg III-Gruppe als eine eigenständige Kulturstufe, andere dagegen bezweifeln dies und rechnen die Siedlung Goldberg III zusammen mit einigen anderen der Chamer Gruppe zu, die in Bayern sowie mögli-cherweise in Westböhmen, im nördlichen Niederösterreich und in Oberösterreich verbreitet war.

Den seltsam klingenden Namen Goldberg III hat 1937 der Frankfurter Prähistoriker Gerhard Bersu (1889–1964) geprägt. Bersu hatte auf dem Goldberg von 1911 bis 1929 – mit Unter-brechungen im Ersten Weltkrieg und in den Nachkriegsjahren – Ausgrabungen vorgenommen. Die erste dort entdeckte Siedlung (Goldberg I) wird in die Rössener Kultur (etwa 4.600 bis 4.300 v. Chr.) datiert, die zweite (Goldberg II) in die Michelsberger Kultur (etwa 4.300 bis 3.500 v. Chr.) und die dritte bezeichnet man als Goldberg III.

Der in Jauer (Schlesien) geborene und in Frankfurt an der Oder aufgewachsene Fabrikantensohn Gerhard Bersu studierte an den Universitäten Strassburg, Heidelberg, Tübingen und Breslau. 1913/1914 arbeitete er als Assistent der „Altertümer-sammlung Stuttgart". Im Ersten Weltkrieg meldete er sich als Freiwilliger und war 1917/1918 für Kunstschutz im besetzten Belgien und Nordfrankreich verantwortlich. Bei den Friedens-

Goldberg bei Riesbürg (Ostalbkreis) in Baden-Württemberg.
Nach der dritten dort entdeckten Siedlung
wurde die Goldberg III-Gruppe benannt.
Foto aus Carl Schuchhardt (1859–1943):
Deutsche Vor- und Frühgeschichte in Bildern (1936)

verhandlungen war er zunächst in der „Deutschen Waffen-stillstandskommission" in Spa und später in der „Reichs-rücklieferungskommission" als Referent für Kunstrestitutionen aktiv. 1925 promovierte er mit einer Arbeit über die Ausgrabungen auf dem Breiten Berg bei Striegau. 1929 wurde er zweiter und 1931 erster Direktor der „Römisch-Germanischen Kommission" („RGK"). Die „RGK" ist eine Abteilung des „Deutschen Archäologischen Archäologischen Instituts" mit Sitz in Frankfurt am Main. Weil er Jude war, entließ 1935 das NS-Regime Bersu als „RGK"Direktor. Man versetzte ihn als Referent für Ausgrabungen an die Zentraldirektion des „Deutschen Archäologischen Instituts" in Berlin. 1937 emigrierte Bersu nach England, wo er ab 1938 als Grabungsleiter wirkte. Nach Ausbruch des Zweiten Weltkrieges internierte man ihn als „feindlichen Ausländer" auf der Isle of Man, wo er Ausgrabungen durchführen konnte. Von 1947 bis 1950 lehrte er als Professor an der „Royal Irish Academy Dublin". Zwischen 1950 und 1956 war er wieder Direktor der „Römisch-Germanischen Kommission" in Frankfurt am Main. Bersu starb 1964 im Alter von 75 Jahren, nachdem er während einer Sitzung der Sektion für Vor- und Frühgeschichte der „Deutschen Akademie der Wissenschaften zu Berlin" in Magdeburg einen Schlaganfall erlitten hatte.

Bei der Siedlung Goldberg III handelte es sich um mehr als 50 Häuser, die teilweise in annähernd kreisförmigen Gruppen angeordnet waren. Die Behausungen hatten einen fast quadratischen Grundriss. Bis zu vier Meter tiefe Gruben mit steilen nach unten zu enger werdenden Wänden deutet man als Keller. Die Gruben wurden während der Besiedlungsdauer mit mancherlei Gegenständen gefüllt. Häufig fand man darin auch menschliche Skelettreste, unter denen Schädelfragmente

*Ausgrabung 2016 am Fundort Olzreute-Enzisholz
bei Bad Schussenried in Baden-Württemberg.
Foto: Thilo Parg / CC-BY-SA4.0 (via Wikimedia Commons),
lizensiert unter Creative-Commons-Lizenz by -a-4.0,
https://creativecommons.org/licenses/by-sa/4.0/legalcode*

von Kindern überwiegen. Die Siedlung ist vermutlich nach einer gewissen Zeit von ihren Bewohnern wieder verlassen worden.

Siedlungen aus der Zeit von Goldberg III kennt man auch auf einer Halbinsel im Schreckensee (Kreis Ravensburg), in Alleshausen-Grundwiesen, Alleshausen-Täschenwiesen, Seekirch-Achwiesen, Seekirch-Stockwiesen (alle vier Kreis Biberach) im Federseemoor sowie an der Fundstelle Olzreute-Enzisholz (Kreis Biberach) in einem verlandeten Seebecken. In Alleshausen-Grundwiesen und Alleshausen-Täschenwiesen wurden 1985/1986 kleine, nur etwa 5 Meter lange und 3 Meter breite Häuser festgestellt. Teilweise hat man diese Gebäude in alter Technik mit tragenden Pfosten erbaut, vielleicht sogar als im Wasser stehende Pfahlbauten. Andere Gebäude sind als Blockhäuser ohne tragende Pfosten mit Prügelboden direkt auf dem Torfgrund errichtet worden. Diese Funde gelten als die mit Abstand ältesten Nachweise der sonst erst ab der Spät-bronzezeit bekannten Bautechnik. Die Bewohner von Alleshausen-Grundwiesen hatten sich auf Flachsanbau und Viehzucht spezialisiert. In Seekirch-Achwiesen stieß man 1989 auf Reste von Pfostenbauten unbekannter Größe, in deren Innerem sich mehrfach erneuerte Herdstellen befanden.

Bereits Ende der 1940er Jahre entdeckte man beim Torfabbau in einem Moor die Fundstelle Olzreute-Enzisholz bei Schussenried. Nach der Einstellung des Torfabbaus wurde das Gelände wieder aufgeforstet. Ab 2002 stürzten Bäume nach Stürmen um und rissen mit ihren Wurzeln große Teile aus der Mooroberfläche, wodurch die mehr als 4.900 Jahre alte Fundschicht wieder ans Tageslicht kam. 2004 startete das Landesamt für Denkmalpflege mit Vermessungen, Bohrungen und Probeentnahmen für naturwissenschaftliche Untersuchungen. Danach nahm man die Fundstelle als typisches Beispiel

*Reste von zwei Scheibenrädern aus der Zeit der Goldberg III-Gruppe
von Seekirch-Achwiesen (Kreis Biberach) in Baden-Württemberg.
Höhe mehr als 60 Zentimeter.
Foto: Landesdenkmalamt Baden-Württemberg,
Pfahlbauarchäologie Bodensee-Oberschwaben,
Gaienhofen-Hemmenhofen*

für eine Siedlung in einem kleinen oberschwäbischen Verlandungsmoor. Kleinflächige Grabungen ab 2009 bestätigten in Olzreute-Enzisholz drei mehrphasige Moorsiedlungen auf einem Areal von ungefähr 3.000 Quadratmetern. Von den Häusern der jüngeren Bauphase wurden Bretterböden entdeckt, die auf mehreren Lagen aus Rundhölzern lagen. Im Bereich von Feuerstellen hatte man wegen der Brandgefahr durch Lehmlagen vorgebeugt. Teile der Wände und Dächer blieben nicht erhalten. Die Häuser des Dorfes waren in parallelen Reihen angeordnet. Zum von 2009 bis 2016 geborgenen Fundgut der Moorsiedlung Olzreute-Enzisholz gehören Tongefäße der Goldberg III-Gruppe, Objekte aus Silex, Felsgestein, Hirschgeweih (Hacke) und Holz (Beilholm aus Buchenholz, Backschaufel, vier große Scheibenräder und ein kleines Modellrad sowie zwei Achsen von Wagen). Die Scheibenräder gehörten vermutlich zu zweirädrigen Karren, bei denen sich die Achse mit den Rädern unter dem Fahrgestell drehte. Das am besten erhaltene Rad bestand aus Ahorn-Holz, hatte einen Durchmesser von 54 Zentimetern, wurde durch zwei eingeschobene Leisten aus Eschen-Holz stabilisiert und hatte ein schwalbenschwanz-förmiges Achsloch. Bei dem kleinen Modellrad ist unklar, ob es sich um Kinderspielzeug, Anschauungsmaterial für Wagen-bauer oder um einen rituellen Gegenstand handelt. Drei Teile von Wagenrädern aus Ahorn-Holz aus der Moor-siedlung Seekirch-Achwiesen am nordwestlichen Rand des Federsee-Moores zeigen, dass deren Bewohner zwei- oder vierrädrige Karren zum Transport von schweren Lasten besaßen. Jedes der Wagenräder besteht aus zwei Teilen, die mit Einschubleisten verbunden wurden. Die 1989/1990 bei Ausgrabungen entdeckten Räderfragmente lagen etwa 1,20 Meter voneinander entfernt in etwa 50 bis 90 Zentimeter Tiefe und machten auf den Ausgräber Helmut Schlichtherle aus Gaienhofen-Hemmenhofen den Eindruck, als seien sie hier mitsamt dem Wagen eingesunken und steckengeblieben Im Gegensatz zu dem an der Erdoberfläche verrotteten Oberteil des Wagens sind die Räder weitgehend erhalten. Die Radreste von Seekirch-Achwiesen entsprechen in allen Einzelheiten den in Schweizer Seeufersiedlungen geborgenen Rädern. Sie gehörten zu zwei- oder vierrädrigen Karren, deren mit einem viereckigen Loch in der Mitte versehene Scheibenräder fest auf der rotierenden Achse saßen. Die Räder von Seekirch-Achwiesen und aus der Schweiz unterscheiden sich mit ihren rechteckigen, buchsenlosen Achslöchern von den aus Nordeuropa und dem Donauraum bekannten Radtypen ganz deutlich.

1992 entdeckte man in der Moorsiedlung Alleshausen-Grundwiesen am nordwestlichen Rand des Federsee-Moores in etwa 1,20 Meter Tiefe ein weiteres Radsegment. Dieses Segment aus Ahorn-Holz wird wie die Teile von Wagenrädern aus Seekirch-Achwiesen in die Goldberg III-Gruppe datiert.

Unsicher ist, ob ein 1992 in der Moorsiedlung Seekirch-Stockwiesen in nur 30 Zentimeter Tiefe gefundenes Radfragment aus Ahorn-Holz zur Horgener Kultur (etwa 3.300 bis 2.800 v. Chr.) oder zur Goldberg III-Gruppe gehört.

Einzelne Funde, die auf Kontakte mit der Goldberg III-Gruppe hindeuten, hat man in der Seeufersiedlung Konstanz-Hinterhausen am Bodensee geborgen. Diese Siedlung wurde 1859 entdeckt und 1882 kartiert. Auf in den 1980er Jahren angefertigten Luftbildern sind Pfahlstrukturen und Hausgrundrisse erkennbar. Die Fundstelle liegt nahe der Rheinfurt bei Konstanz und gehört zu jenen Siedlungen, die den Rheinübergang kontrollierten.

Wie die Funde auf dem Goldberg zeigen, haben die einstigen Bewohner verschiedene Werkzeuge aus Feuerstein, Felsgestein,

Geweih und Knochen hergestellt. Aus Feuerstein schufen die Goldberg III-Leute beispielsweise lange Klingen und Sicheln für die Getreideernte. Felsgestein diente als Rohstoff für rechteckige und trapezförmige Beilklingen, die häufig in Hirschgeweih gefasst waren. Die systematische Verwendung von Hirschgeweih als Rohstoff erreichte während dieser Kulturstufe einen Höhepunkt. Auffällig ist auch der Reichtum an Knochengeräten für verschiedene Zwecke.

Bei den unsicher datierten menschlichen Skelettresten aus Gruben von Goldberg III dürfte es sich nicht um Bestattungen sondern um achtlos hingeworfene Überreste handeln, vermutet der Münchner Anthropologe Peter Schröter.

Autor Ernst Probst.
Foto: Klaus Benz, Fotograf, Mainz-Laubenheim

Der Autor

Ernst Probst, geboren am 20. Januar 1946 in Neunburg vorm Wald im bayerischen Regierungsbezirk Oberpfalz, ist Journalist und Wissenschaftsautor. Er arbeitete von 1968 bis 1971 bei den „Nürnberger Nachrichten", von 1971 bis 1973 in der Zentralredaktion des „Ring Nordbayerischer Tageszeitungen" in Bayreuth und von 1973 bis 2001 bei der „Allgemeinen Zeitung", Mainz. In seiner Freizeit schrieb er Artikel für die „Frankfurter Allgemeine Zeitung", „Süddeutsche Zeitung", „Die Welt", „Frankfurter Rundschau", „Neue Zürcher Zeitung", „Tages-Anzeiger", Zürich, „Salzburger Nachrichten", „Die Zeit", „Rheinischer Merkur", „Deutsches Allgemeines Sonntagsblatt", „bild der wissenschaft", „kosmos", „Deutsche Presse-Agentur" (dpa), „Associated Press" (AP) und den „Deutschen Forschungsdienst" (df). Aus seiner Feder stammen die Bücher „Deutschland in der Urzeit" (1986), „Deutschland in der Steinzeit" (1991), „Rekorde der Urzeit" (1992), „Dinosaurier in Deutschland" (1993 zusammen mit Raymund Windolf) und „Deutschland in der Bronzezeit" (1996). Von 2001 bis 2006 betätigte sich Ernst Probst als Buchverleger sowie zeitweise als internationaler Fossilienhändler und Antiquitätenhändler. Insgesamt veröffentlichte er mehr als 300 Bücher, Taschenbücher, Broschüren und über 300 E-Books.

Bücher von Ernst Probst

(Auswahl)

Als Mainz im Meer lag
Als Mainz noch nicht am Rhein lag
Das Mammut- Mit Zeichnungen von Shuhei Tamura
Der Europäische Jaguar
Der Mosbacher Löwe. Die riesige Raubkatze aus
Wiesbaden
Der Rhein-Elefant. Das Schreckenstier von Eppelsheim
Der Ur-Rhein. Rheinhessen vor zehn Millionen Jahren
Deutschland im Eiszeitalter
Deutschland in der Frühbronzezeit
Deutschland in der Mittelbronzezeit
Deutschland in der Spätbronzezeit
Die Aunjetitzer Kultur in Deutschland
Die Straubinger Kultur in Deutschland
Die Singener Gruppe
Die Arbon-Kultur in Deutschland
Die Ries-Gruppe und die Neckar-Gruppe
Die Adlerberg-Kultur
Der Sögel-Wohlde-Kreis
Die nordische Bronzezeit in Deutschland
Die Hügelgräber-Kultur in Deutschland
Die ältere Bronzezeit in Nordrhein-Westfalen
Die Bronzezeit in der Lüneburger Heide
Die Stader Gruppe
Die Oldenburg-emsländische Gruppe
Die Urnenfelder-Kultur in Deutschland
Die ältere Niederrheinische Grabhügel-Kultur

Die Unstrut-Gruppe
Die Helmsdorfer Gruppe
Die Saalemündungs-Gruppe
Die Lausitzer Kultur in Deutschland
Die Dolchzahnkatze Megantereon
Die Dolchzahnkatze Smilodon
Die Säbelzahnkatze Homotherium
Die Säbelzahnkatze Machairodus
Die Schweiz in der Frühbronzezeit
Die Rhône-Kultur in der Westschweiz
Die Arbon-Kultur in der Schweiz
Die Schweiz in der Mittelbronzezeit
Die Schweiz in der Spätbronzezeit
Dinosaurier von A bis K. Von Abelisaurus bis zu
Kritosaurus
Dinosaurier von L bis Z. Von Labocania bis zu
Zupaysaurus
Der rätselhafte Spinosaurus. Leben und Werk des Forschers
Ernst Stromer von Reichenbach
Eiszeitliche Geparde in Deutschland
Eiszeitliche Leoparden in Deutschland
Höhlenlöwen. Raubkatzen im Eiszeitalter
Hermann von Meyer. Der große Naturforscher aus
Frankfurt am Main
Johann Jakob Kaup. Der große Naturforscher aus
Darmstadt
Krallentiere am Ur-Rhein
Neues vom Ur-Rhein. Interview mit dem Geologen und
Paläontologen Dr. Jens Sommer
Österreich in der Frühbronzezeit
Österreich in der Mittelbronzezeit

Österreich in der Spätbronzezeit
Raub-Dinosaurier von A bis Z. Mit Zeichnungen von
Dmitry Bogdanav und Nobu Tamura
Rekorde der Urmenschen. Erfindungen, Kunst und
Religion
Rekorde der Urzeit. Landschaften, Pflanzen und Tiere
Säbelzahnkatzen. Von Machairodus bis zu Smilodon
Säbelzahntiger am Ur-Rhein. Machairodus und
Paramachairodus
Was ist ein Menhir? Interview mit dem Mainzer
Archäologen Dr. Detert Zylmann
Wer ist der kleinste Dinosaurier? Interviews mit dem
Wissenschaftsautor Ernst Probst
Wer war der Stammvater der Insekten? Interview mit dem
Stuttgarter Biologen und Paläontologen Dr. Günther
Bechly
6000 Jahre Kastel. Von der Steinzeit bis zum 21.
Jahrhundert
5000 Jahre Kostheim. Von der Steinzeit bis zum 21.
Jahrhundert
Kastel in der Vorzeit. Von der Jungsteinzeit bis Christi
Geburt
Kostheim in der Vorzeit. Von der Jungsteinzeit bis Christi
Geburt
Wiesbaden in der SteinzeitAnno 1.000.000. Deutschland in
der älteren Altsteinzeit
Das Protoacheuléen. Eine Kulturstufe der Altsteinzeit vor
etwa 1,2 Millionen bis 600.000 Jahren
Das Altacheuléen. Eine Kulturstufe der Altsteinzeit vor etwa
600.000 bis 350.000 Jahren
Das Jungacheuléen. Eine Kulturstufe der Altsteinzeit vor etwa
350.000 bis 150.000 Jahren

Die Salzmünder Kultur. Eine Kultur der Jungsteinzeit vor
etwa 3.700 bis 3.200 v. Chr.
Die Chamer Gruppe. Eine Kulturstufe der Jungsteinzeit
vor etwa 3.500 bis 2.800 v. Chr.
Die Wartberg-Kultur. Eine Kultur der Jungsteinzeit vor
etwa 3.500 bis 2.800 v. Chr.
Die Walternienburg-Bernburger Kultur. Eine Kultur der
Jungsteinzeit vor etwa 3.200 bis 2.800 v. Chr.
Die Kugelamphoren-Kultur. Eine Kultur der Jungsteinzeit
vor etwa 3.100 bis 2.700 v. Chr.
Die Schnurkeramischen Kulturen. Kulturen der
Jungsteinzeit von etwa 2.800 bis 2.400 v. Chr.
Die Einzelgrab-Kultur. Eine Kultur der Jungsteinzeit vor
etwa 2.800 bis 2.300 v. Chr.
Die Schönfelder Kultur. Eine Kultur der Jungsteinzeit vor
etwa 2.800 bis 2.200 v. Chr.
Die Glockenbecher-Kultur. Eine Kultur der Jungsteinzeit
vor etwa 2.500 bis 2.200 v. Chr.
Die ersten Bauern in Österreich. Die
Linienbandkeramische Kultur vor etwa 5.500 bis 4.900
v. Chr.
Die Lengyel-Kultur in Österreich. Eine Kultur der
Jungsteinzeit vor etwa 4.900 bis 4.400 v. Chr.
Die Mondsee-Gruppe. Eine Kulturstufe der Jungsteinzeit
vor etwa 3.700 bis 2.900 v. Chr.
Die Badener Kultur in Österreich. Eine Kultur der
Jungsteinzeit vor etwa 3.600 bis 2.900 v. Chr.
Die ersten Pfahlbauten in der Schweiz. Die Anfänge der
Pfahlbauforschung und die Egolzwiler Kultur
Die Cortaillod-Kultur. Eine Kultur der Jungsteinzeit vor
etwa 4.000 bis 3.500 v. Chr.

Die Pfyner Kultur in der Schweiz. Eine Kultur der
Jungsteinzeit vor etwa 4.000 bis 3.500 v. Chr.
Die Horgener Kultur in der Schweiz. Eine Kultur der
Jungsteinzeit vor etwa 3.500 bis 2.800 v. Chr.
Die Schnurkeramiker in der Schweiz. Eine Kultur der
Jungsteinzeit vor etwa 2.800 bis 2.400 v. Chr.

www.ingramcontent.com/pod-product-compliance
Lightning Source LLC
Chambersburg PA
CBHW072301170526
45158CB00003BA/1140